環状オリゴ糖シリーズ2

αオリゴパウダー入門

著者　寺尾啓二

目次

1　はじめに……3
2　ミルクαオリゴパウダー（粉末牛乳の特性改善）……6
3　αオリゴ糖による機能性成分の安定性向上……12
　(1)　キウイフルーツαオリゴパウダー（タンパク分解酵素の安定化）……12
　(2)　大根おろしαオリゴパウダー（辛味成分MTBIの安定化）……16
　(3)　緑イ貝オイルαオリゴパウダー（EPA、DHAの安定化）…21
　(4)　ティーツリーオイルαオリゴパウダー（モノテルペン類の安定化）……23
4　αオリゴ糖による機能性成分の可溶化（クルクミンの可溶化による生体利用能の向上）……28
　(1)　αオリゴ糖によるレスベラトロールの可溶化……30
　(2)　αオリゴ糖によるフェルラ酸の可溶化……32

1　はじめに

　最初にこの『αオリゴパウダー』の言葉の意味を説明しておきます。

　デキストリンはデンプンを加水分解して得られる低分子量の炭水化物であり、日本語で"オリゴ糖"といいます。そして、その環状になったものをシクロデキストリン、環状オリゴ糖と呼びます。

　デキストリンの中でも、消化酵素で分解されにくいデキストリンを総称した一般名として"難消化性デキストリン"といいます。

　"難消化性デキストリン"には、松谷化学工業のパインファイバー、小林製薬にイージーファイバー、太陽化学のサンファイバー（原料名：グアーガム加水分解物）、コサナのピュアファイバー（原料名：αシクロデキストリン、αCD）など様々な種類があります。
　そういった難消化性デキストリンの中でも、ダイエット効果、中性脂肪低減作用、血糖値上昇抑制作用など、食物繊維としての能力が際立って高い難消化性デキストリンであるαCDは他の難消化性デキストリンと区別されて"スーパー難消化性デキストリン"と呼ばれるようになりました。

　このスーパー難消化性デキストリンとして注目されているαCDは日本語ではα型の環状オリゴ糖ですので、略してαオリ

ゴ糖とも呼びます。αオリゴ糖は腸内環境を整える際立ったプレバイオティックとしての働きやAGEs生成抑制効果を持っています。

　ここで、そのAGEs生成抑制効果について説明しておきます。

　AGEsとは、タンパクと糖が結合してできるAdvanced Glycation End Productsの略で、終末糖化産物と訳され、タンパク質の糖化反応によって発現する身体の老化に関与する物質です。糖尿病患者の血清中に高濃度に存在しています。AGEsは顕著な発癌イニシエーター（癌を引き起こす開始剤）であり、糖尿病を発病すると癌の発病の可能性も高くなります。

　AGEsは生体内だけでなく、生体外にも多く存在しており、タンパクと糖が混在する食べ物を揚げたり、焼いたり、焙ったりすると発生します。たとえば、ポテトチップスに含まれるAGEsであるアクリルアミドが、発がん性の物質として問題視されています。

　ご飯を炊くと、お米の中のタンパクとブドウ糖が反応（メイラード反応といいます）して褐色の"おこげ"であるAGEsが発生します。様々な糖質や難消化性デキストリンの中でも特にαオリゴ糖は食べ物の褐色化（発がん性物質であるAGEsの発生）を抑えることがわかっています。

　揚げる、焼く、焙る、煮るといった調理の際、味を調える調味料の"さしすせそ"の横に、食の安全や家族の健康を考えて、台所にはいつもαオリゴ糖も置くようにしましょう。

さて、スーパー難消化性デキストリンであるαオリゴ糖は食物繊維としての能力を持つだけではありません。揮発性、不安定性、難水溶性、悪臭、吸湿性や粘性といった取り扱いの不便さなど機能性食品素材の持つ様々な問題点を、粉末化することで同時にすべてを解決する、機能性食品素材に対する救世主としての能力を持ち合わせています。

　そして、このような機能性食品素材の問題解決のためにαオリゴ糖（αCD）を利用した機能性食品素材粉末のことを、分りやすい言葉で『αオリゴパウダー』と呼ぶことにしました。

　以下に、αオリゴパウダー化による機能性食品素材の問題解決例を挙げていきます。

2　ミルクαオリゴパウダー（粉末牛乳の特性改善）

　高カロリー・高脂肪のイメージを持つ牛乳の消費量は年々減少し、大量に余った牛乳が時に廃棄処分されることはご存知でしょうか？

　2006年「ホクレン農業協同組合連合会」は、1,000トン（1リットルパック100万本相当）の廃棄を決めました。この年、当時の農水相である中川昭一は、牛乳の原料である生乳の供給過剰状態を解消するため、開発途上国や被災国向けの緊急援助として輸出できないか検討する方針を明らかにし、「もったいない。世界中の飢餓で困っている人へ援助できないか、財務、外務省と調整したい」と述べました。

　しかし、生乳や牛乳の状態では輸送が困難な上、日持ちがしないため、脱脂粉乳にして輸出するしかありません。脱脂粉乳は過去にユニセフからの援助物資として寄贈され、学校給食で利用されましたが、当時は「不味いもの」の代表例のように言われた物資です。貧しい国にとって日本からの援助物資として、そのような「不味い」そして親油性栄養素の失われた脱脂粉乳がもっとも適切なのか疑問です。

　そのような理由から、シクロケムと東京農工大は共同で余剰乳の有効利用を目的として、αオリゴ糖を用いた再乳化型粉末牛乳である『ミルクαオリゴパウダー』の製造法を開発しました。なお、この検討は、科学技術振興機構（JST理事長　沖村憲樹）の産学共同シーズイノベーション化事業における、平成

18年度採択課題です。

～従来の粉末牛乳の問題点とαオリゴ糖を用いるミルクαオリゴパウダーの製造方法～

　従来の粉末牛乳としては、牛乳を噴霧乾燥等によって粉乳に加工し、粉乳の状態で保存する方法が一般的で、全脂粉乳と脱脂粉乳の2種類があります。全脂粉乳は、生乳又は牛乳をそのまま加熱下で水分除去、粉末化したものですが、含有する不飽和脂肪酸類（油脂）が酸化を受けやすく保存性に劣るほか、加熱臭などにより生乳とは大きく異なった風味になる点が問題です。
　一方、脱脂粉乳は、生乳又は牛乳を脱脂後、水分除去、粉末化したものであり、油脂含量が少なく、全脂粉乳に比べ保存性は良好であるものの、風味の点で全粉乳より劣り、そのままでは飲用に供するには適していません。
　全脂粉乳と脱脂粉乳の何れも油脂に関わる問題なのです。αオリゴ糖の油脂安定化作用を利用すれば、含有されている油脂を除去することなく包接安定化し、牛乳を粉末化することが可能です。さらに、αオリゴ糖は乳化作用も持ち合わせていますので、水を添加すれば再び、様々な含有成分は分散し、乳化状態に戻すことが出来ます。

・凍結乾燥法を用いるミルクαオリゴパウダーの製造

　牛乳にαオリゴ糖を添加し、室温にて1時間攪拌後、冷凍庫内で-5℃にて凍結させます。次に、凍結乾燥機を用いて、トラップ温度-40℃、真空度15Paの条件で36時間凍結乾燥します。乾燥物を乳鉢で粉砕すると、ミルクαオリゴパウダーが得られます。

・噴霧乾燥法を用いるミルクαオリゴパウダーの製造

　牛乳にαオリゴ糖を添加し、室温にて1時間攪拌後、固形分（αオリゴ糖を含む）30重量％に濃縮します。得られた濃縮乳を、噴霧乾燥機を用いて、入口温度100℃、ブロアー流量（乾燥空気量）0.8㎥/min、空気圧力150kPaの条件で噴霧乾燥を行います。乾燥物を乳鉢で粉砕すると、凍結乾燥法と同様のミルクαオリゴパウダーが得られます。

　ミルクαオリゴパウダーは水を加えると異味異臭元の牛乳状態に復元できます。このミルクαオリゴパウダーの利点として、1）長期保存が可能である　2）加熱臭や油脂酸化による悪臭を生じない　3）輸送コストが低減できる　4）水で元の生乳の状態・風味に再現可能である　5）αオリゴ糖の効能を付加した高機能乳である　6）栄養成分（プロテイン、CoQ10やR-αリポ酸など）の添加が容易である、などが挙げられます。

牛乳はカルシウム補給源として最適

　牛乳はタンパク質、脂質、炭水化物のほかにビタミン・ミネラルをバランス良く含んでいますが、特に、良質なタンパク質やカルシウムが含まれており、牛乳を飲むことで、骨や歯が丈夫になる、安眠できるなど、ロコモティブシンドローム、フレイル、サルコペニア対策になることが知られています。

　カルシウムは生体内でも最も多いミネラルで生体内カルシウム量は体重の約2％です。その殆どが骨や歯の成分として利用されていて、その残りは血液や筋肉中にも存在しており、ホル

モンの分泌、血液の凝固、筋肉の収縮などの働きにかかわっています。

さて、骨は破骨細胞と骨芽細胞の働きによって、常時、生まれ変わっています。図に示すように、破骨細胞が骨を壊し（骨吸収という）、骨芽細胞が骨を作る（骨形成という）ことを繰り返しており、1年間に20〜30％が新しい骨と入れ替わっています。（図1）

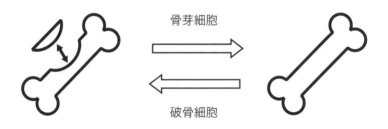

図1　破骨細胞による骨吸収と骨芽細胞による骨形成

この骨代謝によって古いカルシウムは溶け出すので、カルシウムを外から補わないと『骨がスカスカ』の状態、つまり、骨粗鬆症になるのです。そこで、特に更年期障害を迎えた女性や高齢者は積極的に継続的にカルシウムを補給する必要があります。

日本の地理的な要因によって、日本人はカルシウムが不足しています。火山の多い日本では酸性土壌が多く土壌中のミネラル量は欧米の半分くらいです。その土壌の関係で水や野菜に含まれるミネラルも少なく、カルシウムも不足した状態となっています。そこで、日本人は意識してカルシウムを取る必要があります。
　牛乳、小魚、野菜はカルシウムを含む食品としてよく知られていますが、これらの食品の中でも牛乳はカルシウム吸収率の高い食品として知られています。乳タンパクはアミノ酸スコアが100の良質なタンパク質であり、その構成成分であるリジンやトリプトファンが腸管におけるカルシウムの吸収を速やかにしています。また、トリプトファンは睡眠誘導物質のメラトニンや神経伝達物質で、心身の安定や心の安らぎなどにも関与するセロトニンの生合成原料であることも知られています。

　牛乳とαオリゴ糖から得られるミルクαオリゴパウダーは、その牛乳の効果と"スーパー難消化性デキストリン"としてのαオリゴ糖の効果のいいところを持ち合わせています。αオリゴ糖は、牛乳中の健康増進効果を持つ乳タンパクの分解物質であるリジンやトリプトファン、カルシウムを積極的に吸収し、反対に健康に良くない牛乳含有成分の飽和脂肪酸やトランス脂肪酸の吸収を選択的に阻害し体外に排出します。

写真1　ミルクαオリゴパウダー（左）とαオリゴ糖無添加のパウダー（右）。写真のように、αオリゴ糖を添加したミルクαオリゴパウダーは白色微粉末状です。

3　αオリゴ糖による機能性成分の安定性向上

　機能性成分の不安定物質には自らがタンパクでありながらタンパクを分解するタンパク分解酵素、気化・昇華しやすい揮発性物質、モノテルペン類や不飽和脂肪酸などの酸化を受けやすい物質などがありますが、多くの場合、αオリゴ糖でαオリゴパウダー化することで機能性成分の安定性を向上できます。

（1）キウイフルーツαオリゴパウダー
　　　（タンパク分解酵素の安定化）

　キウイフルーツに含まれるアクチニジンというタンパク分解酵素は、酵素自らがタンパクです。よって、このタンパクは貯蔵安定性が低く、鮮度の高いキウイフルーツでなくジュースやスムージーとして保存した場合には酵素の効果（食事に含まれる筋肉成分やコラーゲン成分を分解して体内に取り入れる効果）は消失します。ところが、αオリゴ糖でキウイフルーツを粉末化しますとアクチニジンは安定に保たれ、1年貯蔵してもその酵素活性は失われないことが明らかとなりました。通常のデキストリン（オリゴ糖）では数日で活性は消失します。

αオリゴ糖による果汁プロテアーゼ（タンパク分解酵素）の失活防止効果

背景　果汁プロテアーゼとは豚肉などの食肉に含有するタンパク質の分解を促し、胃腸の負担を軽減する働きなどがあります。

キウイ：アクチニジン　　パイナップル：ブロメライン　　パパイヤ：パパイン

写真2　果汁プロテアーゼの例

　酵素活性は60℃以上の熱で弱まるため、キウイプロテアーゼの食品加工への利用は困難とされています。
　そこで、αオリゴ糖を用いたキウイプロテアーゼの安定化を目的とし、果汁とそのCD粉末（αオリゴパウダー）の安定性について、酵素活性の測定により検討しました。

写真3　キウイ果汁

　キウイ果汁は酸素に触れると酸化により褐色になり、酵素活性も低下します。

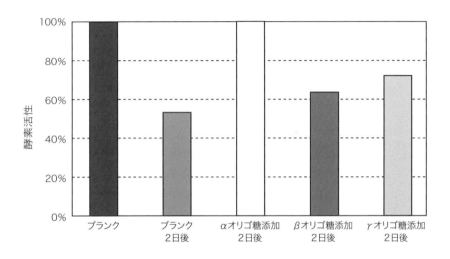

図2 キウイ果汁の酵素活性に対する三種の環状オリゴ糖の効果

　果汁に環状オリゴ糖を添加しておくと、失活が抑えられました。特にαオリゴ糖を添加した場合にはほぼ100％の活性が保持されました。
　粉末にしておく事で、腐敗を遅め、運搬しやすく取り扱いが容易になりました。

αオリゴ糖・γオリゴ糖を
添加すれば粉末化が可能

果汁の乾燥物・結晶セルロース・
トレハロース・βオリゴ糖は
完全な粉末化はできなかった。

写真4　キウイ果汁のαオリゴパウダー化

　熱処理（70℃、5分間）した各キウイ粉末の酵素活性を調べました。その結果、αオリゴ糖を用いた場合で、キウイ粉末の酵素活性に高い熱安定性が示されました。

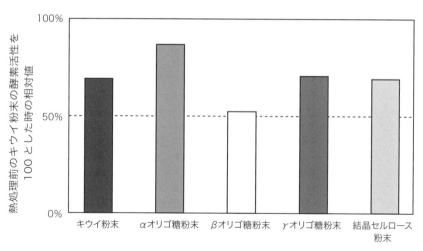

図3　環状オリゴ糖によるキウイの熱安定性の向上

まとめ

・キウイの粉末化には、αオリゴ糖とγオリゴ糖のみが可能でした。
・キウイ果汁および粉末の熱による失活防止効果についてはαオリゴ糖が最も高い効果を持っていました。

以上の事から、αオリゴパウダー化することによってキウイプロテアーゼの安定性向上に寄与する事が判明し、食品加工への応用が期待できます。

(2) 大根おろしαオリゴパウダー
　　（辛味成分MTBIの安定化）

辛味のある大根は、蕎麦などの薬味として好まれて使用されています。辛味成分である4-メチルチオ-3-ブテニルイソチオシアネート（MTBI）は、抗菌作用や抗肥満作用など有益な機能を有していることが知られていますが、非常に不安定な物質であり、速やかに分解し辛味も損なわれてしまいます。また大根加工食品においては、変色や硫黄臭の原因となっています。そこで、その辛味成分であるMTBIを含む大根おろしをαオリゴパウダー化すると劇的に安定化できることが明らかとなりました。

大根の辛味成分MTBI

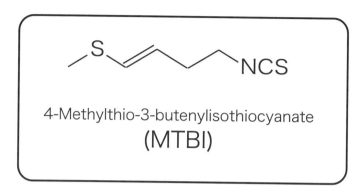

4-Methylthio-3-butenylisothiocyanate
(MTBI)

効果 抗菌作用　抗肥満作用、抗酸化作用　抗ガン作用
　　　抗動脈硬化作用

参照

Biosci. Biotech. Biochem., 1997, 61, 2109-2112.

J. Agric. Food Chem., 2008, 56, 875-883.

International Immunopharmacology, 2006, 6, 854-861.

検討1. 大根おろし中のMTBIの安定性に対する環状オリゴ糖の効果

すべての環状オリゴ糖で大根おろし中のMTBIの安定性は向上できることが分りましたが、図5に示しますようにαオリゴ糖が最も有効でした。

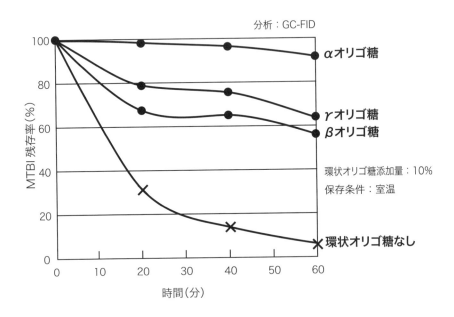

図5 大根中MTBIの安定性に対する環状オリゴ糖の効果

検討2. 大根おろしの凍結乾燥工程におけるαオリゴ糖の効果

凍結乾燥処理後の大根おろし中MTBIの残存率を評価したところ、凍結乾燥工程における大根おろし中MTBIの分解がαオリゴパウダー化により抑制できることが明らかとなりました。

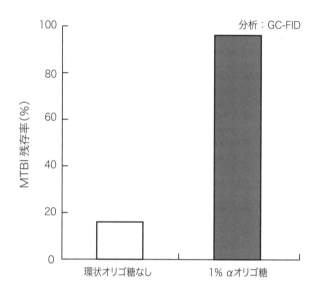

図6 大根おろしの凍結乾燥工程におけるαオリゴ糖の効果

大根おろしαオリゴパウダーは水を加えると写真に示すように乾燥前と同様な状態に戻ることが分りました。インスタント大根おろしとして利用できることが確かめられました。

αオリゴ糖入り大根おろし
凍結乾燥物

αオリゴ糖入り大根おろし
味、食感、辛味について
凍結乾燥前とほとんど同等でした。

写真5　インスタント大根おろしとしての利用検討

まとめ

・大根おろしαオリゴパウダーは大根おろし中の辛味成分MTBIに対して安定化効果を示すことが明らかとなりました。
・αオリゴパウダー化によりMTBIの安定化効果を利用した、大根おろし凍結乾燥物（インスタント大根おろし）の作製に成功しました。
・⇒辛味を保持した新たな大根加工食品の開発のためにαオリゴ糖が非常に有用であることが示されました。

　尚、シクロケムによって大根おろしαオリゴパウダーには、

抗肥満作用のあることが確認されています。高脂肪食を与えられたマウス（コントロール群）の体重増加に比べ、高脂肪食と大根おろしαオリゴパウダーを与えられたマウス（MTBI-αオリゴ糖群）の体重増加量は、普通食を与えられたマウス（ノーマル群）とほぼ同じでした。**(図7)**

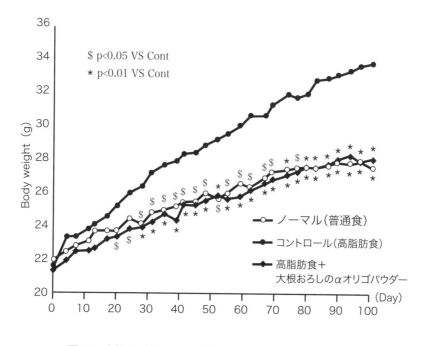

図7　大根おろしαオリゴパウダーによる抗肥満効果

（3）緑イ貝オイル（GLM）αオリゴパウダー（EPA、DHAの安定化）

　緑イ貝（Perna canaliculus）は、ニュージーランド沿岸の自然豊かな海に生息するムール貝の一種です。その栄養成分にはグリコーゲンやミネラル、アミノ酸、多価不飽和脂肪酸などが

豊富に含まれており、先住民のマオリ族からは「奇跡の貝」と呼ばれ、栄養価の高い食べ物として長年珍重されています。

その中で、この貝の抽出油である緑イ貝オイル（GLMオイル）には、エイコサペンタエン酸（EPA）やドコサヘキサエン酸（DHA）といったω3系不飽和脂肪酸が多量に含まれており、このオイルを摂取することで関節炎の症状改善の他、動脈硬化の低減やアルツハイマー型認知症の改善効果が期待できます。よって、1970年初頭からサプリメントの素材として世界中で利用されています。

しかしながら、これら不飽和脂肪酸は熱・酸素・光に対して非常に不安定な物質であるため、サプリメントとして応用する場合は有効成分の安定化が課題となります。

一方、GLMオイル中にはミリスチン酸、パルミチン酸、ステアリン酸といった飽和脂肪酸も多く含まれます。

GLMオイルの脂肪酸組成比

脂肪酸名（数値表現）		脂肪酸組成比 [%]
ミリスチン酸	(14:0)	3.7±0.1
パルミチン酸	(16:0)	15.0±0.7
ステアリン酸	(18:0)	3.9±0.4
パルミトレイン酸	(16:1, n-7)	7.0±1.1
オレイン酸	(18:1, n-7)	2.4±0.3
バクセン酸	(18:1, n-9)	1.7±0.9
リノール酸	(18:2, n-6)	1.8±0.1
α-リノレン酸	(18:3, n-3)	1.9±0.2
アラキドン酸	(20:4, n-3)	2.8±0.3
エイコサペンタエン酸	(20:5, n-3)	14.7±1.8
ドコサペンタエン酸	(22:5, n-3)	1.4±0.1
ドコサヘキサエン酸	(22:6, n-3)	18.2±2.2

これに対して、αオリゴ糖は不飽和脂肪酸の吸収性に影響を

及ぼさず、飽和脂肪酸のみ選択的に吸収阻害をするといった効果もあります。

そこで、EPAやDHAの酸化を抑制し、しかも、本来不必要な脂肪酸の摂取を効率的に抑制したGLM α オリゴパウダー（GLMオイル含有率20wt%）が開発されました。α オリゴ糖によるGLMオイルの粉末化（α オリゴパウダー化）は可能でしたが、環状でないマルトデキストリンで粉末化はできませんでした。GLMオイル α オリゴパウダーは加熱に対して安定であることが確かめられています。100℃で6時間加熱しても、EPAとDHAの酸化分解は確認できませんでした。

このGLMオイル α オリゴパウダーを用いることで認知症予防、膝関節症の改善、動脈硬化予防等、種々のサプリメントへの応用が期待されます。

（4）ティーツリーオイルαオリゴパウダー　　　（モノテルペン類の安定化）

ティーツリーオイル（以下、TTO）はオーストラリアに自生するMelaleuca alternifoliaの葉から抽出される天然アロマオイルです。優れた抗菌性と幅広い抗菌スペクトラム、また、高い安全性を有することから、化粧品を始めコスメシューティカル・消臭用途など幅広く利用されています。

TTOの含有成分は、主としてモノテルペン・テルペンアルコールおよびセスキテルペンからなっており、その種類は90以上とも言われます。そのうち9種類についてはTTO品質保証のために、ISO 4730規格およびAS 2782-1997規格にて含有成分の組成比率が規定されています。

TTOの成分規格値

Component	Flavor content in OILTEA-185※ [%]	Specification [%] (ISO/FDIS-4730 : 2004)
a-Pinene	2.4	1 - 6
Sabinene	0.2	Trace - 3.5
α-Terpinene	9.3	5 - 13
Limonene	1.1	0.5 - 1.5
p-Cymene	3.0	0.5 - 8
1, 8-Cineol	3.7	Trace - 15
g-Terpinene	20.8	10 - 28
Terpinolene	3.4	1.5 - 5
Terpinene-4-ol	42.1	30 - 48
a-Terpineol	2.8	1.5 - 8
Aromadendrene	1.1	Trace - 3
d-Cadinene	0.7	Trace - 3
Globulol	0.1	Trace - 1
Viridiflorol	0.2	Trace - 1
Ledene	0.6	Trace - 3

※ Bronson & Jacobs製OILTEA-185を使用

規格で組織比率が規定されている９種類のなかでも、Terpinen-4-olはTTOに突出して多く含まれる成分です。これが30%以上含まれていないと、規格外となってしまいます。

　また、α-Terpineneは熱や光、大気中の酸素に晒されることで容易に酸化し、p-Cymeneを生じます。（図8）オイルの酸化により組成変化が生じた場合、上記の品質規格を満たせなく恐れがあります。（図9）また、酸化物によるアレルギー性や皮膚刺激性が増加するとの報告もあるため、オイルの酸化安定化は極めて重要です。

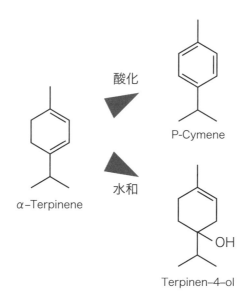

α-Terpinene の酸化・水和反応

図8　α－テルピネンのp－シメンへの酸化

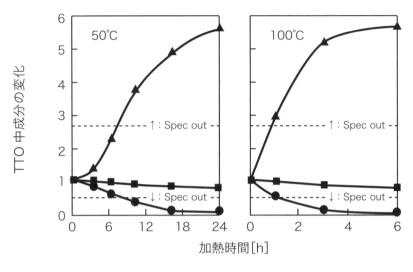

図9　TTOの熱処理による成分変化

　そこで、TTOの機能性成分であるテルペン類の安定性改善を目的として、TTO αオリゴパウダーが開発されました。
　まず、TTOのαオリゴパウダー、βオリゴパウダー、そして、γオリゴパウダーを作製しました。そして、それぞれのオリゴパウダーを50℃と100℃で熱処理し。GCにてTTO中の成分である、α-Terpinene、p-Cymene、Terpinen-4-olの定量を分析しました。

　図10と図11に示すようにαオリゴパウダー、βオリゴパウダー、γオリゴパウダーの中でもαオリゴパウダーが加熱によるαテルピネンやテルピネン-4-オールの減少、pシメンの増加を抑えることができました。

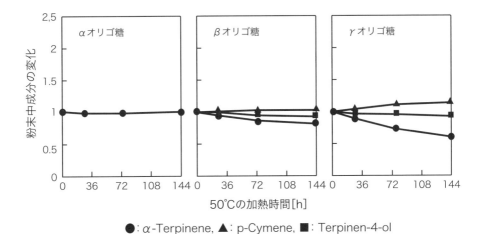

図10　50℃下におけるTTO包接粉末の成分変化

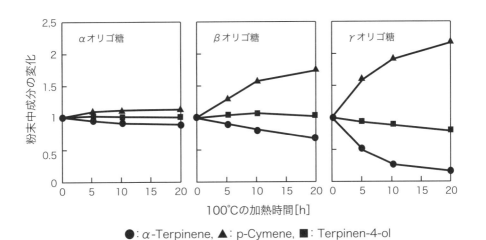

図11　100℃下におけるTTO包接粉末の成分変化

4 αオリゴ糖による機能性成分の可溶化
（クルクミンの可溶化による生体利用能の向上）

　αオリゴ糖は機能性成分の安定化の目的で利用できるだけでなく、脂溶性物質の可溶化の目的でも利用できます。尚、可溶化により体内吸収性も改善できる可能性があります。たとえば、クルクミンはウコンに含まれるポリフェノールの一種で、抗酸化、抗炎症、肝機能保護などが知られる機能性物質ですが、脂溶性のため生体吸収性が極端に低いのです。環状オリゴ糖の中でもαオリゴ糖でαオリゴパウダー化することで最も高い水溶性の向上が見られたと同時に最も高い吸収性が示されています。

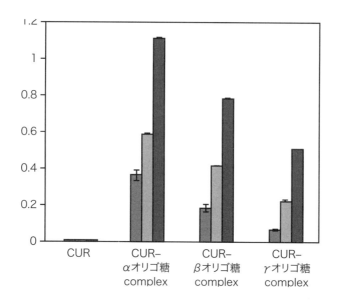

図12. 蒸留水中（左軸）、人工胃液中（中軸）、人工腸液中（右軸）の
　　　クルクミン（CUR）―環状オリゴ糖の溶解度変化

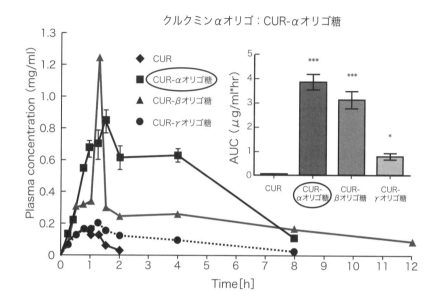

図13. クルクミン（CUR）—環状オリゴ糖の吸収性（AUC）の違い

　以下、αオリゴ糖による脂溶性である機能性成分の可溶化の例を紹介します。

(1) αオリゴ糖によるレスベラトロールの可溶化

　赤ワインなどに含まれているポリフェノールの一種であるレスベラトロールが、最近TV番組などで注目を集めています。レスベラトロールは、老化を抑制するサーチュイン遺伝子に対して、カロリー制限と同じような効果を発揮する物質として知られています。さらに、抗酸化作用、美肌効果、がん予防効果、メタボリックシンドローム予防効果、脳機能改善作用など多くの効果効能も見出されています。しかし、レスベラトロールは水溶性が低く、それが体内への吸収性に影響していると考えられています。

　そこで、レスベラトロールの水溶性改善と生体内吸収性向上を目的として、レスベラトロール α オリゴパウダーが開発されました。

Mw：228.25
水への溶解度：0.03mg/mL（25℃）

レスベラトロール

　レスベラトロールを20mg量り取り、各濃度の各種環状オリゴ糖水溶液 2mLを添加し、一晩振とう（25℃）後、0.2μmフィルターでろ過・HPLCにて分析しました。その結果、環状オリゴ糖の種類によってレスベラトロールの溶解度は異なり、α

オリゴ糖と分岐型βオリゴ糖が効果的にレスベラトロールの溶解度を向上させることが分りました。(**図14**) 尚、βオリゴ糖は溶解度が低いため1%濃度までの検討です。

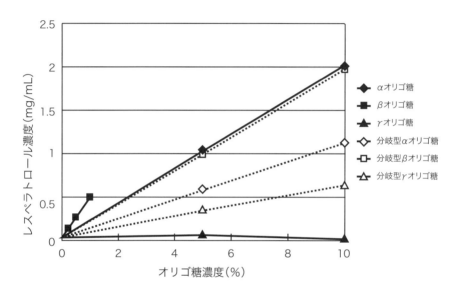

図14　各種環状オリゴ糖によるレスベラトロールの溶解度

(2) フェルラ酸のαオリゴ糖による可溶化

　米糠や小麦のふすまなどに含まれる『フェルラ酸』は、フェノール性の水酸基によってフリーラジカルに水素を供与することで抗酸化作用を示します。フェルラ酸の活性酸素の消去作用は、活性酸素の毒性から生体を防護する酵素として知られるスーパーオキシドジスムターゼと同等であることが報告されています。また、フェルラ酸には脳神経保護作用や学習能力向上作用があります。フェルラ酸は、脳内で炎症を引き起こすβ-アミロイドペプチドに対しての保護作用を示すことが報告されています。β-アミロイドペプチドをマウスの脳室内に投与すると学習記憶の低下が見られますが、フェルラ酸を投与すると通常の状態まで回復すると報告されています。

　しかし、フェルラ酸は水溶性が低いため、体内へ効率よく吸収されないことが問題とされています。フェルラ酸の水溶性改善と生体内吸収性向上を目的として、フェルラ酸αオリゴパウダーが開発されました。

Mw：194.18
水への溶解度：
1.27mg/mL（25℃）

フェルラ酸（米糠や小麦のふすまなどに含まれるポリフェノール）

　フェルラ酸を100mg量り取り、各濃度のCD水溶液 2mLを添加し、一晩振とう（25℃）後、0.2μmフィルターでろ過・

HPLCにて分析しました。その結果、フェルラ酸の溶解度の変化は環状オリゴ糖の種類によって異なり、レスベラトロールと同様にαオリゴ糖が最も効果的にフェルラ酸の溶解度を上昇させました。(**図15**) 吸収性の高いフェルラ酸素材として、飲料への配合やサプリメントとしての利用が期待できます。

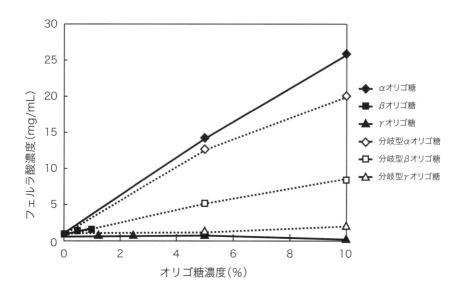

図15　各種環状オリゴ糖によるフェルラ酸の溶解度

著者紹介

■寺尾啓二（てらお けいじ）プロフィール
工学博士　専門分野：有機合成化学
　　シクロケムグループ（株式会社シクロケム、コサナ、シクロケムバイオ）代表
神戸大学大学院医学研究科客員教授
神戸女子大学健康福祉学部 客員教授
ラジオNIKKEI 健康ネットワーク　パーソナリティ

1986年、京都大学大学院工学研究科博士課程修了。京都大学工学博士号取得。専門は有機合成化学。ドイツワッカーケミー社ミュンヘン本社、ワッカーケミカルズイーストアジア株式会社勤務を経て、2002年、株式会社シクロケム設立。中央大学講師、東京農工大学客員教授、神戸大学大学院医学研究科 客員教授（現任）、神戸女子大学健康福祉学部 客員教授（現任）、日本シクロデキストリン学会理事、日本シクロデキストリン工業会副会長などを歴任。様々な機能性食品の食品加工研究を行っており、多くの研究機関と共同研究を実施。吸収性や熱などに対する安定性など様々な生理活性物質の問題点をシクロデキストリンによる包接技術で解決している。

著書
『食品開発者のためのシクロデキストリン入門』日本食糧新聞社
『化粧品開発とナノテクノロジー』共著CMC出版
『シクロデキストリンの応用技術』監修・共著CMC出版
『超分子サイエンス　～基礎から材料への展開～』共著　株式会社エス・ティー・エヌ
『機能性食品・サプリメント開発のための化学知識』日本食糧新聞社
　　ほか多数

ラジオNIKKEI 健康ネットワーク　パーソナリティ
http://www.radionikkei.jp/kenkounet/
ブログ　まめ知識（健康編　化学編）
http://blog.livedoor.jp/cyclochem02/

健康ライブ出版社では本書の著者寺尾啓二氏の講演、セミナーなどの情報を随時お知らせしております。ご希望の方はkenkolivepublisher@gmail.com までメールをください。